NOUVELLE INVASION

DE

LA CLAVELÉE

dans le

DÉPARTEMENT DU PAS-DE-CALAIS

PAR M. J. VISEUR

Vétérinaire départemental à Arras
Secrétaire de la Société de Médecine vétérinaire des départements du Nord et du Pas-de-Calais.

ARRAS
A. Courtin, imprimeur breveté, place du Wetz-d'Amain, n° 7.

1878

SOMMAIRE

I. — Les troupeaux de moutons maigres d'origine allemande sont déversés dans la région du Nord de la France par la ligne de Reims à Tergnier et ses embranchements. Arrêté ministériel du 27 octobre 1877, prescrivant la désinfection des wagons à bestiaux des chemins de fer.... *Encore un bon billet à La Châtre!*

II. — Le déplacement des malades et des suspects doit être considéré comme l'unique agent d'irradiation de la clavelée — Les faits bien observés prouvent que la propagation de la maladie par l'air est purement conjecturale. — Expériences de M. le Professeur Chauveau. — Observations cliniques dans diverses communes. — La marque oblige à ne mettre en vente que des troupeaux exempts de toute infection Le gouvernement devrait l'exiger pour tous les troupeaux étrangers Libre et loyal échange. Arrêté de M. le Préfet du Pas-de-Calais rendant la marque obligatoire. — La clavelisation ne peut et ne doit être mise en pratique que sur les troupeaux atteints ou effectivement *contaminés:* la loi sur ce point ne prête pas à la diversité des interprétations. — Résultat obtenu.

III. — Clavelisation générale. — Ses Merveilles !

IV. — Notes et éclaircissements. — Le commerce des animaux contaminés est couvert par l'article 1382 du code civil, il ne fait courir aucun péril à ceux qui le pratiquent et il leur assure de gros bénéfices. — Péripneumonie et morve : Faits extraordinaires.

NOUVELLE INVASION

DE

LA CLAVELÉE

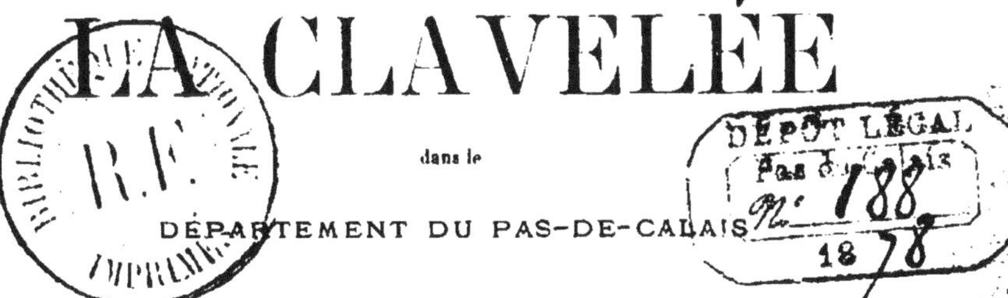

dans le

DÉPARTEMENT DU PAS-DE-CALAIS

PAR M. J. VISEUR

Vétérinaire départemental à Arras
Secrétaire de la Société de Médecine vétérinaire des départements
du Nord et du Pas-de-Calais.

ARRAS

A. Courtin, imprimeur breveté, place du Wetz-d'Amain, n° 7.

1878

NOUVELLE INVASION

DE

LA CLAVELÉE

dans le

DÉPARTEMENT DU PAS-DE-CALAIS

I.

La clavelée n'apparaissait autrefois dans notre département qu'à de rares intervalles, parce que la production des bêtes ovines suffisait aux besoins de la consommation et que l'importation y était nulle ou tout-à-fait exceptionnelle. Le morcellement de la propriété, la division des cultures, la disparition des terrains vagues ont très-sensiblement restreint le nombre des troupeaux et fait donner la préférence à l'élevage des bêtes bovines. Mais, en même temps que les éleveurs de moutons devenaient rares, les engraisseurs, qui voulaient tirer parti des résidus alimentaires fournis en abondance par la fabrication du sucre, des huiles, des alcools et de la bière, se multipliaient et, ne trouvant plus à s'approvisionner sur place, se sont adressés d'abord aux départements voisins, puis, les chemins de fer aidant, aux pays étrangers. Les troupeaux allemands ont ainsi trouvé dans le nord de la France un large débouché. Ils y arrivent par la ligne de Reims à Tergnier, et portent trop souvent avec eux les germes de la clavelée, soit qu'ils les aient recueillis, avant le départ, dans les provinces avoisinant la Baltique, où la maladie est en permanence, soit pendant le parcours dans les wagons qui, n'étant jamais désinfectés, deviennent de véritables pépinières de maladies contagieuses, notamment de la clavelée. On sait, en effet, que le virus de cette dernière maladie, pour peu qu'il soit protégé contre la pluie, conserve durant des mois sa redoutable activité. (1).

(1) DÉSINFECTION DES WAGONS AYANT SERVI AU TRANSPORT DES BESTIAUX.

Les wagons qui servent aux transports des bestiaux ont été signalés depuis longtemps, comme les agents les plus actifs de la dissémination des maladies contagieuses. Ce danger devient plus menaçant à mesure que les voies ferrées se multiplient et facilitent le mouvement du bétail vers les marchés. Pour y parer, le Ministre des Travaux publics a décidé, par un arrêté en date du 27 octobre dernier, que les compagnies de chemins de fer, toutes les fois qu'elles en seront requises, soit par les Préfets, soit par les vétérinaires-inspecteurs, feront procéder à la désinfection complète des wagons ayant servi au transport des animaux et qu'elles seront autorisées à percevoir, pour frais de désinfection, une taxe *de trois francs par wagon.*

Cet arrêté dénote de bonnes intentions, rien que cela, car il est à remarquer que la désinfection ne sera obligatoire que dans le cas seulement où elle aura été demandée par les Préfets ou par les vétérinaires-inspecteurs.

Les Préfets ne s'occuperont pas de cette affaire; quant aux vétérinaires-inspecteurs, il n'y en a encore qu'un petit nombre d'éclos ! Ceux-ci, d'ailleurs, ne pourraient intervenir

C'est à ce mouvement d'arrivage et de transit dont il est le centre, que le département de l'Aisne doit d'être si souvent infesté de la clavelée et d'en infester ses voisins. L'épizootie n'y est pas plus spontanée que dans l'Artois, et nos Collègues du service sanitaire, dont nous connaissons la vigilance, en seraient maîtres pour longtemps si elle n'y survenait incessamment du dehors.

que si les wagons suspects de transporter des animaux malades leur étaient signalés soit par les agents des compagnies, soit par les particuliers. Ce cas ne se présentera pas une fois sur cent, et il est très-probable *que l'arrêté ministériel n'a point encore eu d'effet depuis son apparition.*

Il y avait mieux à faire, et puisque le service des transports est un service public, qu'il a ses priviléges légitimes comme ses devoirs, il fallait rappeler que parmi ceux-ci on doit placer en première ligne la nécessité de sauvegarder la richesse publique, en prenant toutes les mesures pour que les wagons ne soient plus des foyers de contagion des maladies épizootiques.

Au lieu donc d'un arrêté inutile, puisqu'il est sans effet, il fallait copier tout simplement et mettre en pratique la loi appliquée dans l'empire d'Allemagne depuis le 25 février 1876, et qui ordonne la désinfection *de tout wagon* de chemin de fer qui a servi à un transport d'animaux.

La désinfection, là, n'est pas l'exception, c'est la règle ; elle a de plus l'avantage énorme de n'entraîner pour l'expéditeur qu'une dépense supplémentaire de 1 fr. 25 c., tandis que chez nous, la même opération est taxée à 3 fr., c'est-à-dire à trois fois ce qu'elle coûte en réalité.

J'espère que M. le Ministre de l'Agriculture, si soucieux des intérêts dont il a la charge, priera son collègue des Travaux publics, de vouloir bien donner à l'arrêté du 27 octobre dernier, le complément indispensable: de prescrire en conséquence la désinfection de tout wagon ayant servi à un trans-

Elle a pénétré de nouveau dans l'arrondissement d'Arras, vers le milieu du mois d'août dernier, avec un troupeau de cent cinquante bêtes, d'origines diverses, mais où la race allemande dominait, achetées sur le marché de la Fère (Aisne) par M. Lemaire, cultivateur à Bullecourt, à un prix un peu inférieur à leur valeur réelle, et *ne portant aucune marque du vendeur* (1).

Dix ou douze jours après leur arrivée, deux bêtes paraissent tristes; elles restent couchées, refusent toute nourriture et présentent un engorgement considérable des organes sexuels et des parties avoisinantes. Etait-ce la clavelée? Les renseignements que j'ai recueillis *post mortem* me permettent de le croire, mais non de l'affirmer. Quoi qu'il en soit, le 14 août, deux autres bêtes deviennent malades à leur tour: elles sont immobiles, cessent de ruminer et laissent voir une sorte de pointillé rougeâtre partout où la peau est fine, dépourvue ou peu garnie de laine, aux aisselles, sur le fourreau, dans la région inguinale et sur la face interne des cuisses. Bientôt ces petites

port d'animaux ou de débris d'animaux à l'état frais, et de mettre enfin un obstacle sérieux à la propagation de la morve, de la péripneumonie, si communes dans la région du Nord.

Pour convaincre son collègue, M. Teisserenc de Bort n'aura qu'à reprendre les arguments dont il s'est servi lors de la discussion, au Sénat, du projet de loi relatif au service d'inspection du bétail étranger.

(1) C'est encore par un troupeau allemand, acheté sur le marché de Noyon, *ne portant aucune marque du vendeur*, que la clavelée a été introduite en 1872 dans les cantons de Marquion et de Bertincourt.

taches rouges s'élargissent, font légèrement saillie, puis se transforment en véritables boutons. La peau est fortement tuméfiée, et le berger, qui ne soupçonne pas la clavelée, qui ne l'a, du reste, jamais observée, fait sur toutes les parties enflammées une lotion avec un mélange de vinaigre et de suie. Cette application, agissant à la manière des acidules et des astringents, décolore les boutons, arrête leur évolution régulière et défigure la maladie. Aussi, loin de s'améliorer, l'état des malades empire et, comme il met la science du pâtre en défaut, on se décide à appeler M. de St-Aubert, médecin-vétérinaire à Buissy.

L'éruption avait perdu sa physionomie normale, mais mon collègue ne se méprit pas sur sa nature. Il invita en conséquence son client à faire immédiatement au maire de la commune *la déclaration* prescrite par la loi et à prier le Préfet de m'envoyer sur les lieux. (1)

(1) En maintes circonstances nous nous sommes montré partisan de la déclaration des maladies contagieuses, par le vétérinaire, et nous ne faisions, du reste, que nous conformer aux injonctions des règlements sanitaires.

Ceux de nos collègues que nos arguments n'auraient pas convaincus, et que la déclaration effarouche toujours et plus que de raison, puisqu'il ne s'agit après tout que de bêtes dont les maladies ne peuvent porter atteinte à l'honneur des propriétaires, seront bien surpris d'apprendre qu'en Hollande, en Prusse, aux État-Unis, les médecins sont obligés de déclarer les maladies contagieuses qu'ils observent en ville. « A New-York, dans cette Amérique justement fière de sa liberté, tout individu atteint de la petite vérole doit être immédiatement signalé au *Board of Health*, et transporté dans un hôpital spécial, où il peut se procurer, s'il est riche, tout le confortable auquel il est habitué. »

Le 17 août, je me rendis à Bullecourt à l'heure convenue avec M. de Saint-Aubert. Les claveleux sont couchés sur la litière, dans une situation qui ne laisse aucun espoir de les sauver La respiration est courte, pressée, la fièvre violente; l'éruption se manifeste, sur les régions indiquées plus haut, ainsi qu'à la tête, par de petites nodosités très-rapprochées, dures au toucher, arrêtées à l'état papuleux; la face, le bout du nez et les lèvres sont épaissis et tuméfiés; la laine s'arrache à la moindre traction. Les phénomènes de catharre des voies respiratoires sont très-prononcés et s'accompagnent d'accès de toux; un jetage abondant se dessèche à l'entrée des narines, les obstrue et rend la respiration plus anxieuse; les paupières sont à demi-closes, chassieuses et, sur l'un des malades, les pustules ont envahi l'organe de la vision: c'est une clavelée de forme d'autant plus irrégulière, que le processus morbide a été contrarié par un traitement inintelligent.

Du 17 au 31 août, quinze moutons sont encore atteints successivement et par petits groupes de trois ou quatre à la fois; sur un ou deux sujets seulement l'exanthème claveleux parcourt régulièrement ses phases pour arriver à la période de secrétion.

Pour compléter les mesures conseillées par M. de St-Aubert, telles que l'enfouissement avec leur peau des animaux morts, l'isolement des malades, il restait à sequestrer, dans une prairie, les sujets contaminés, à cantonner, aussi loin que possible du foyer de contagion, les autres troupeaux de la commune, et enfin à mettre en pratique les quelques mesures qui m'avaient si bien réussi cinq ans auparavant.

C'est de celles-ci seulement que je veux parler, parce qu'elles forment le côté encore neuf de la question, et que, pour le reste, symptômes, lésions, etc., je ne pourrais que répéter ce que j'ai dit dans un précédent rapport publié par le *Recueil de Médecine vétérinaire*, N° de septembre 1873.

II.

La clavelée est, de toutes les maladies contagieuses épizootiques que l'on observe dans la région du Nord, celle que l'on peut vaincre le plus aisément. Elle ne se propage, comme la variole de l'homme, que par des rapports presque immédiats des sujets sains avec des malades. La contagion par l'air est possible, je ne la nie pas, mais si exceptionnelle, je dirais volontiers si hypothétique, qu'elle ne mérite pas d'arrêter le praticien. Dans une même étable, comprenant des animaux chez lesquels surtout la maladie est arrivée à la période éruptive, l'infection de bêtes saines peut s'effectuer par la muqueuse pulmonaire, car l'air de l'étable contient, dans un certain état de concentration, de rapprochement, les particules virulentes; mais, à l'air libre, le virus perd promptement ses propriétés, puis il est tellement raréfié, que le danger devient imaginaire et négligeable. Plus d'une fois, des propriétaires n'ont cherché la contagion si haut et si loin que parce qu'ils avaient intérêt à induire le vétérinaire en erreur et à ne pas la laisser voir tout près (1). L'infection par l'air libre est si peu à craindre que mon illustre maître, M. Chauveau, dans ses récentes et belles études sur la vaccine originelle, n'a presque jamais réussi, malgré un très-grand nombre d'expériences, à provoquer la naissance de pustules de vaccine en faisant aspirer de la poudre de vaccin desséché dans le vide, par des chevaux dont la trachée, ponctionnée avec un petit trocart, avait permis l'adaptation d'un appareil à soupape contenant le vaccin. A supposer, d'ailleurs, que, dans certains cas, l'infection ait pu avoir lieu sans être suivie d'une poussée exanthémateuse, ces cas, pour le point de vue auquel nous nous plaçons, ne tireraient pas à grande conséquence puisque, *vraisemblablement*, ils ne pourraient devenir des agents de contagion.

Le déplacement des malades et des suspects, voilà le véritable agent d'irradiation de la clavelée, celui dont on peut suivre la trace quatre-vingt-dix-neuf fois sur cent. Le danger n'est pas ailleurs et, pour y parer, il suffit de mettre les détenteurs de troupeaux dans la nécessité ou de

(1) J'ai signalé dans ma précédente étude sur la clavelée des exemples qui prouvent que la propagation de la maladie par l'atmosphère est purement conjecturale et qu'elle peut presque toujours, quand on cherche bien, être rattachée à une communication directe avec des claveleux ou à un séjour dans le même pâturage, ou à un parcours sur le même chemin. A Inchy, à Morchies, à Lebucquière, à Mastaing, à Féchain, il a suffi d'empêcher les *rapports immédiats* des troupeaux malades, de leurs gardiens, ustensiles, etc , avec les troupeaux sains, *quelques rapprochés qu'ils fussent, d'ailleurs*, pour préserver ces derniers de la contagion.

seconder l'action administrative, de concourir à l'œuvre de la préservation, en ne mettant en vente que des bêtes exemptes de toute infection, ou de compromettre gravement leurs intérêts. Le moyen est tout indiqué pour obtenir un résultat aussi désirable: c'est *la marque* des troupeaux en vue de l'action rédhibitoire, la marque, dont l'efficacité vient d'être démontrée une seconde fois et qu'il serait urgent d'appliquer, pour protéger nos nationaux, sur toutes les bêtes ovines à leur passage à la frontière, ou mieux dans les gares et ports de débarquement. Cette mesure, sur laquelle j'appelle l'attention du Comité consultatif des épizooties, devrait être précédée de la désinfection, non pas exceptionnelle, mais constante, après chaque service, des wagons ou navires destinés au transport du bétail, des peaux et des laines fraiches : car il serait souverainement injuste, tout en nous défendant contre l'étranger, de lui faire supporter des risques résultant de notre propre incurie ; il ne suffit pas que l'échange soit libre, il faut qu'il soit loyal.

Au lieu donc de suivre les errements de certains publicistes, qui savent de la police sanitaire ce que l'on en peut apprendre et qu'ils en ont appris, en effet, dans les ouvrages de leurs prédécesseurs, au lieu de renouveler la coûteuse expérience du département de Vaucluse, qui venait de perdre le tiers de ses bêtes ovines, comme il résulte d'une lettre adressée à la date du 6 janvier 1877, par M. de l'Espine au Préfet de ce département, et d'une autre lettre de M. d'Adhémar publiée par le *Journal de l'Agriculture*, N° du 13 janvier, même année, j'ai basé mon action sanitaire sur la loi du 20 mai 1838, parce qu'avec elle la responsabilité des vendeurs de moutons claveleux ou contaminés est *certaine*, *immédiate*, tandis qu'avec les anciens règlements, si draconiens en apparence, cette responsabilité est lointaine et illusoire même, puisqu'il est presque toujours possible d'y échapper, sinon de la faire tourner à son profit (1).

Sur ma proposition, M. le Préfet du Pas-de-Calais prit l'arrêté suivant, qui fut inséré, avec la note qui l'explique et le complète, au *Recueil des Actes administratifs*, publié par tous les journaux politiques du département et dans toutes les communes de l'arrondissement d'Arras.

Le Préfet du Pas-de-Calais, Chevalier de la Légion-d'Honneur ;

Vu le rapport de M. le vétérinaire départemental ;

Vu les arrêts de la Cour du Parlement du 23 décembre 1778, du Conseil d'Etat du 16 juillet 1784, le décret de la Constituante promulgué le 6 octobre 1791, les articles 459 et suivants du Code pénal, la loi du 20 mai 1838 ;

Considérant que la clavelée ou petite vérole de l'espèce ovine, s'est déclarée dans la commune de Bullecourt, et qu'il importe d'empêcher la propagation de cette maladie par l'application des mesures dont une récente expérience dans le département a démontré l'efficacité ;

ARRÊTE :

Art. 1er. — Tous les troupeaux mis en circulation dans l'arrondissement d'Arras, *devront porter une marque.*

(1) Voir à la fin du travail, Notes et éclaircissements.

A défaut de la marque, les troupeaux seront arrêtés, marqués d'office et, au besoin, mis en fourrière, le tout aux frais des propriétaires.

Art. 2. — Tout conducteur d'un troupeau devra être porteur d'un certificat délivré par le Maire de la commune de départ, constatant qu'il n'existe pas de clavelée dans cette commune, ni dans les localités circonvoisines.

Art. 3. — Tout propriétaire d'un troupeau atteint de la clavelée ou suspect, devra le séquestrer immédiatement.

Il devra, en outre, faire au Maire, qui la transmettra le même jour à la Préfecture, la déclaration prescrite par les lois et règlements sanitaires.

Art. 4. — MM. les Maires et Commissaires de Police, ainsi que la Gendarmerie et les Gardes-Champêtres de l'arrondissement d'Arras, sont chargés d'assurer l'exécution du présent arrêté, qui sera inséré au *Recueil des Actes administratifs,* et publié dans toutes les communes dudit arrondissement.

Arras, le 31 août 1877.

Le Préfet du Pas-de-Calais,
POIZAT.

NOTE sur l'inoculation de la clavelée, comme moyen d'abréger la durée de la maladie, et sur les effets de la marque des troupeaux.

La clavelée est une affection très-contagieuse, pouvant durer trois ou quatre mois sur un seul troupeau, et occasionner une mortalité qui, dans certaines circonstances, s'est élevée à plus de 50 %.

Parmi les moyens reconnus capables d'en atténuer la gravité et surtout d'en abréger la durée, il faut placer en première ligne la clavelisation, c'est-à-dire, l'inoculation du virus contenu dans les vésicules claveleuses à tous les animaux d'une même exploitation aussitôt que l'épizootie y a été reconnue.

En dehors des localités et même des troupeaux infectés ou contaminés, la clavelisation n'est point à recommander : le décret de la Constituante des 16-24 août 1790, sur l'organisation judiciaire, titre XI, art 3; celui du 2 septembre 1791, promulgué le 6 octobre, concernant les biens et usages ruraux, titre I, section IV, art XX, *font même un devoir à l'administration d'en interdire la mise en pratique, parce quelle aurait pour effet de porter la maladie là où elle n'était pas auparavant, de la propager au lieu de la prévenir et de l'arrêter*

La loi du 20 mai 1838 a classé la clavelée parmi les vices redhibitoires, avec un délai de garantie favorable à l'acheteur, en ce sens qu'il correspond assez exactement à la période d'incubation de la maladie, et que dans la plupart des cas, cette période a commencé avant la conclusion du marché.

Constatée sur *une seule bête*, dans les dix jours qui suivent la vente (non compris le jour de la livraison), elle entraîne la redhibition de tout le troupeau, à la condition, toutefois, que le troupeau *porte une marque quelconque du vendeur*, et qu'il n'ait pas été exposé à la contagion, depuis le moment de la vente.

Ces quelques simples mesures ont produit le résultat que j'en attendais, sans troubler un seul instant le commerce avouable. Deux ou trois marchands interlopes se sont plaint de la responsabilité que la marque faisait peser sur eux et sont même allés jusqu'à nier l'existence de la clavelée, mais ces plaintes sont restées sans écho, parce qu'elles sont naturelles aux gens qui propagent les maladies contagieuses en vue de les exploiter (1)

La clavelée n'est point sortie du foyer où elle s'était déclarée d'abord, bien qu'il y eût sur le territoire de Bullecourt cinq autres groupes de moutons appartenant à divers propriétaires. A la vérité, elle n'a pas eu sa durée ordinaire, en ce sens qu'on n'y a constaté que *deux bouffées* et qu'une partie du troupeau ayant été atteinte pendant les quatre premières semaines, l'autre partie, composée d'animaux bien en viande, fut vendue pour la boucherie et conduite à l'abattoir d'Arras, dans des charriots fermés sur les côtés et recouverts de claies. Pour ces derniers sujets, j'avais conseillé la clavelisation, et M. de St-Aubert, qui suivait en quelque sorte chaque jour les progrès du mal, se disposait à y recourir, mais les instances contraires, intéressées, des cultivateurs de la commune également détenteurs de bêtes ovines, déterminèrent M. Lemaire à se débarrasser de son troupeau et à en débarrasser ses voisins.

(1) Au premier marché mensuel qui eut lieu après la publication de l'arrêté (à chaque marché on compte de 2,000 à 4,000 têtes), quelques lots étaient arrivés sans marque, mais les propriétaires ont dû la faire appliquer, de gré ou non, avant de sortir.

III.

CLAVELISATION.

Les commentaires dont j'ai fait suivre l'arrêté de M. le Préfet du Pas-de-Calais, me dispenseraient de nouveaux développements sur la clavelisation, si je ne m'adressais qu'à des praticiens expérimentés; mais ce sont les jeunes que je veux convaincre, et, pour cela, il ne suffit pas d'avoir formulé mon avis, d'avoir rappelé les injonctions de la loi, il faut encore, à l'erreur que l'on propage obstinément, par l'Ecole et sous le couvert du Gouvernement, opposer victorieusement la vérité. Un peu d'histoire, de la logique, des chiffres et un grain d'ironie suffiront, je l'espère, à cette tâche.

Dans la deuxième moitié du XVIIIe siècle, des vétérinaires et des agronomes eurent l'idée que les épizooties bénignes de clavelée, comme on en observe de temps à autre, pouvaient être utilisées pour produire artificiellement cette même maladie chez les bêtes ovines qui n'en avaient pas encore été atteintes. L'idée n'avait rien d'original : elle était imitée de ce qui se faisait encore en médecine humaine quelques années auparavant, où on inoculait aussi la variole bénigne en vue d'en atténuer la gravité :

prudence renouvelée de Gribouille, puisque l'on courait au devant d'un péril réel pour en éviter un imaginaire, ou tout au moins aléatoire.

De l'Angleterre, ce prétendu moyen de protection contre la petite vérole pernicieuse s'était propagé en France et dans quelques autres parties de l'Europe ; mais il y fut bientôt abandonné, défendu même, car l'observation et la statistique montraient qu'en dépit de cette méthode, et vraisemblablement grâce à elle, la variole avait multiplié ses apparitions, pénétré dans des contrées où elle était restée inconnue jusque-là et augmenté chaque année le nombre de ses victimes.

La clavelisation se comporte exactement de la même manière ; je parle de la clavelisation générale, dite de convenance ou de bon plaisir, pour laquelle on choisit son temps, son heure, « toutes les circonstances d'âge, de santé, de température capables d'en assurer le succès. » L'autre, celle qui s'applique aux troupeaux déjà atteints ou chez lesquels l'infection est certaine, se défend seule et tout le monde est assez d'accord sur ses avantages pour que je n'aie point à les rappeler. Cette pratique de l'inoculation *générale* a pu jouir de quelque faveur, alors que la médecine-vétérinaire, encore enveloppée de langes, empruntait plus ou moins aveuglément ses méthodes à la médecine humaine ; mais aujourd'hui elle est agonisante, et il n'est pas à craindre qu'elle se relève jamais, car elle a contre elle la science, et, j'ajouterais volontiers, le sens commun, si je ne devais le respect aux morts qui l'ont défendue et qui, à côté de quelques erreurs plus imputables à leur temps qu'à eux-mêmes, nous ont laissé une abondante moisson d'idées et de faits. (1)

J'ai tenu à faire en quelques mots l'historique de la clavelisation, de son intrusion en médecine-vétérinaire, au moment où, comme pratique analogue identique, elle était abandonnée et proscrite de la médecine humaine, parce que cet historique me paraît de nature à faire réfléchir les hommes de bonne foi qui, par souvenirs classiques plus que par obstination, ont résisté jusqu'à ce jour à l'évidence. La loi, l'observation clinique et expérimentale ont prononcé, et tous ceux qui ont puisé à l'Ecole l'esprit d'examen et qui ne se contentent pas de jurer sur la parole de tel ou tel maître, se soumettent et se rallient.

La loi est claire comme eau de roche, malgré les efforts que l'on a faits pour l'obscurcir, et, avec les connaissances que nous avons acquises sur la clavelée, il suffit de savoir lire pour la comprendre. Delafond avait professé l'erreur durant la première moitié de sa carrière, mais il s'est repenti à demi-mot dans des articles qu'il a publiés dans le *Recueil de Médecine-vétérinaire* des années 1847-

(1) Les vétérinaires qui ont quelque expérience de la variole ovine ont renoncé à la clavelisation en dehors des troupeaux déjà infectés ou contaminés Nous connaissons plusieurs collègues des environs de Paris qui, appelés par des clients pour inoculer leurs troupeaux parce que l'épizootie sévissait à quelques lieues de là, ne se sont décidés à l'opération qu'après en avoir signalé les inconvénients. Les piqûres de la lancette ne firent de mal qu'aux moutons et à la bourse de leurs propriétaires; elles permirent aux opérateurs d'acheter chacun une pièce de bon Bourgogne qu'ils nomment vin de la clavelée, comme ils diraient vin de la comète !!

1848 et que notre ancien condisciple, M. Peuch, vient de nous faire connaître par le Journal de l'Ecole de Lyon. Je n'ai pas été surpris d'apprendre, en même temps, que sur cette question de la clavelisation, Renault, ce professeur si perspicace, d'un jugement si sûr, au témoignage de tous ceux qui l'ont connu, n'avait jamais faussé compagnie à la science et à la loi.

L'observation clinique et expérimentale a prouvé en Belgique, en Allemagne comme en France, que la clavelée dite bénigne n'est pas une variété originelle, qu'elle est la clavelée tout simplement modifiée par le milieu, mais que, transplantée hors de la serre où on la cultive, son naturel revient au galop. La preuve qu'elle est une, et au fond toujours semblable à elle-même, c'est que, sur certaines bêtes inoculées, l'affection est parfois si fugace qu'on a à peine le temps de la reconnaître, tandis que, sur d'autres, le même virus, inséré au même moment, dans les mêmes conditions, provoque l'apparition de la clavelée grave et très-grave, puisqu'elle détermine la mort dans des proportions qui varient de **1** à **24** %.

Cette clavelée d'inoculation n'est pas moins contagieuse (1) que celle qui résulte de l'infection; elle est aussi

(1) La contagiosité de la clavelée inoculée n'est pas douteuse; elle est affirmée par un grand nombre d'observateurs, démontrée par ses irruptions des champs d'expérience dans les localités circonvoisines, et pour beaucoup de praticiens, ce serait une grande surprise qu'il en fût autrement. Cependant, comme il est encore quelques vétérinaires qui ne veulent pas croire qu'on recommande la clavelisation dite de convenance, si chaque inoculation peut devenir un foyer d'irradiation de l'épizootie, M. Bernard, vice-président de la

dangereuse au point de vue de la dissémination, car les moutons clavelisés sont bientôt remis dans le commerce, et comme ils abritent le virus dans leur toison, — à supposer, pour prendre les choses au mieux, que la desquamation soit achevée,— ils sèment de nouvelles infections sur leur passage : en maintes circonstances, des épizooties meurtrières n'ont pas eu, en effet, d'autre origine.

C'est elle, pourtant, que quelques visionnaires voudraient *universaliser*. Ils sont dix en tout, un chef et des conscrits ; c'est peu pour une si grosse besogne, aussi ne refuseront-ils pas qu'on les aide à confondre les aveugles volontaires en levant un coin du voile qui cache les bienfaits de la clavelisation.

La clavelée d'infection et la clavelée d'inoculation sont, je le répète, au point de vue de la contagion, sinon de la mortalité qu'elles entraînent, la clavelée sans épithète. Or, on prétend qu'aussitôt que la première est apparue sur un point du territoire, il faut en toute hâte donner la seconde à tous les troupeaux de la même commune, du même département, etc. Je ne raisonne pas sur des hypothèses, mais sur les aveux et déclarations écrites des maîtres ès-clavelisations.

Cette clavelée, inoculée dans un rayon de 100 kilomètres, menacera les troupeaux qui seront au-delà : c'est certain comme une proposition d'algèbre. Le danger, re-

Société de Médecine vétérinaire des départements du Nord et du Pas-de-Calais, a mis à la disposition de ses collègues une somme de cinq cents francs pour qu'il soit fait des expériences à l'effet de convaincre les derniers hésitants, au milieu desquels il se campe bravement.

présenté d'abord par 1, le sera bientôt par 10, 100, 1,000; il se sera accru selon une progression géométrique, et il faudra de toute nécessité poursuivre l'inoculation à travers le temps et l'espace, et, en un mot, « substituer cette opération à toutes les autres mesures de police sanitaire. »

La clavelée bénigne, très-bénigne, si l'on veut, sera en permanence, et une fois allumée, elle ne devra s'éteindre qu'avec le dernier animal de l'espèce ovine. Chaque année, au printemps, elle recommencera son cycle et apportera l'immunité à la génération nouvelle!

Faisons, pour un seul département, le compte des pertes que cette opération occasionnera : les bons comptes font les bons amis.

Le Pas-de-Calais possède 300,000 moutons, agneaux, brebis ou béliers, vivant en moyenne trois ans.

1° Les frais de clavelisation à 0 fr. 20 c. par tête, donnent	60,000 fr.
2° La mortalité par le fait de la clavelisation, évaluée au minimum de 3 %, soit 9,000 victimes, à 35 fr. l'une .	315,000
3° Les soins à donner aux malades, l'amaigrissement, l'improductivité, etc., à 0 fr. 50 c. (c'est à peine le quart de la dépréciation réelle), sur 291,000 animaux survivants	145,500
Total des pertes par chaque période triennale.	520,500 fr.

La clavelisation coûterait donc, pour la centième partie

de la population ovine de la France, cette population s'élevant à 33 millions de bêtes, plus de cinq cent mille francs tous les trois ans (1). Cette somme énorme serait supportée, comme de raison, par la propriété rurale; l'Etat n'y saurait

(1) Soit annuellement, pour la France, dix-neuf millions de francs. A ces résultats certains *de la clavelisation générale*, comparons ceux qui ont été constatés en 1815 par *la clavelisation partielle*, puis en 1872 et en 1877 par le simple isolement des malades et la marque des troupeaux en circulation.

En 1815, la clavelée ayant pénétré dans l'arrondissement de Montreuil, l'administration, sur le conseil d'Hurtrel d'Arboval, ordonna la *clavelisation générale*, mais, en réalité, elle ne fut que partielle, la plupart des propriétaires s'étant refusés, malgré les peines dont on les menaçait, vainement du reste, à prêter leurs troupeaux à l'expérimentation. Les bonnes volontés furent cependant assez nombreuses pour multiplier les foyers de contagion, permettre à l'épizootie de se promener dans cinquante-quatre communes, et, sur 31,171 bêtes ovines qu'elles possédaient, d'en attaquer 20,567 et d'en faire périr 4,507 !!

En traçant, en 1821, l'histoire de cette invasion claveleuse de 1815 et de la clavelisation, Hurtrel d'Arboval a peut-être été trop préoccupé du soin de se défendre. Par la vivacité de son langage à l'égard de son principal adversaire, Grossemy, vétérinaire à Pas, il a montré combien la résistance opiniâtre de ce dernier l'avait irrité et troublé. Je me plais à rendre un hommage lointain à un modeste confrère à qui il n'a manqué que le talent d'écrivain que possédait Hurtrel d'Arboval pour renverser les rôles et avancer de soixante ans le triomphe de la vérité.

En 1872, la clavelée apparaît dans l'arrondissement d'Arras. L'administration, en vue d'abréger la durée du fléau, conseille de claveliser les moutons de toute étable où l'épizootie aura été reconnue; elle immobilise les troupeaux de la commune

participer pour rien, puisque c'est à l'intention bénévole de cette propriété, et pour la débarrasser de la clavelée maligne, qu'ont été créées et inventées la clavelée bénigne et la clavelisation des troupeaux qu'aucun danger de contagion ne menace.

Et quand il ne restera plus en France un seul troupeau qui n'ait été purgé de la macule originelle, la cohorte clavelisatrice franchira la frontière, le globe entier y passera, grâce à des conventions internationales! Partout où il y aura un mouton à tondre, je veux dire à claveliser, le gros Jason sera là avec sa poignée d'argonautes, et la toison d'or sera enlevée aux cris d'admiration des simples et des bénéficiaires!

infectée, ou ne leur permet de sortir que sur voiture fermée et pour l'abattoir. Partout ailleurs, elle laisse la circulation libre, à la condition que les animaux conduits au marché ou mis en vente sur place porteront une marque, de manière à assurer aux acheteurs les bénéfices de la loi du 20 mai 1838. La clavelée ne s'est point propagée; elle n'a atteint que deux troupeaux (bien qu'il y en eût plusieurs autres à une distance de 100 à 150 mètres) et n'a fait mourir que soixante-douze agneaux, moutons et brebis.

En 1877, nouvelle invasion de la clavelée dans l'arrondissement d'Arras. Cette fois, non-seulement l'administration n'ordonne pas la clavelisation générale, mais, par une saine interprétation de la loi, elle ne recommande cette opération que pour les troupeaux déjà infectés, *et elle défend d'y recourir partout ailleurs :* Le résultat qu'elle a obtenu (voir page 20), met singulièrement en relief les 4,507 victimes que la clavelée, *remorquée* par la clavelisation, a faites en 1815.

IV.

NOTES ET ÉCLAIRCISSEMENTS.

A. — Dans un établissement industriel où l'on engraisse en tous temps une centaine de bêtes bovines au moyen des pulpes de betteraves et des tourteaux de graines oléagineuses, on reconnaît, après deux mois environ de ce régime, que deux génisses de trois ans sont pleines. Or, comme la péripneumonie sévit depuis longtemps dans l'établissement et qu'il est d'observation que les bêtes pleines, nourries à la pulpe, contractent très-facilement la maladie, on décide de ne point attendre cette échéance presque certaine et l'on confie les génisses en question, non au marchand qui les a livrées, mais à un commissionnaire sans surface, inconscient peut-être du mal qu'il peut faire, qui les vend à deux ménagers, l'un, *ouvrier tisseur*, l'autre, *couvreur de toits.*

Un mois plus tard, M. Delarue, vétérinaire à Bienvillers-au-Bois, constatait la péripneumonie sur les deux génisses et engageait les malheureux acquéreurs à en rechercher la provenance et à demander le remboursement du prix qu'ils en avaient payé.

La demande de remboursement fut repoussée, bien qu'il eût été envoyé depuis deux ans, de ce même établissement industriel, à l'abattoir d'Arras, une centaine de vaches atteintes de péripneumonie et que chacune d'elles fût accompagnée du certificat de provenance, conformément aux prescriptions de l'arrêté préfectoral du 21 avril 1873 : le dernier envoi à l'abattoir n'avait précédé que de quinze jours la vente des génisses pleines.

Une plainte ayant été déposée au parquet, nous fûmes appelés comme témoins, M. Delarue et moi, devant M. le juge d'instruction. Voici les questions qui me furent posées et les réponses que j'y ai faites.

D Pourriez-vous affirmer que la maladie existait au moment de la vente et que le vendeur en avait connaissance ?

R. Il est probable que la maladie n'était encore qu'à l'état d'incubation au moment de la vente ; le vendeur n'en avait donc pas connaissance : mais, par les nombreux faits de contagion qui s'étaient produits sous ses yeux, il devait soupçonner son apparition comme prochaine.

L'affaire n'a pas eu de suite au correctionnel, et les acquéreurs n'ont pas engagé de procès en dommages-intérêts par peur d'achever leur ruine. Cette crainte n'était du reste pas chimérique, car le tribunal d'Arras, de même que la Cour de Douai, exigent, pour appliquer l'article 1382 du code civil, trois conditions : *fait, dommage* et *faute.* Le fait résulte de la vente ; le dommage, de la propagation de la maladie ou des dépenses qu'elle a entraînées ; quant à la faute, elle fait toujours défaut : car, pour qu'il y ait faute, il faut qu'il y ait *connaissance* du fait dommageable. Or, ou le vendeur ignorait réellement l'existence de la maladie au moment de la vente, ou il jure qu'il l'ignorait, ce qui revient au même.

Cette jurisprudence désarme presque absolument l'administration et les particuliers en face du commerce des animaux malades, mais elle paraît conforme à la lettre, sinon à l'esprit de la loi, d'une loi mauvaise, devant laquelle il faut cependant s'incliner. (1)

(1) C'est donc à tort que M. le professeur Rey dit dans son *Traité de Jurisprudence vétérinaire*, 2e édition, page 211, « que pour obtenir les bénéfices de l'article 1382, l'acquéreur doit fournir la preuve de l'existence de l'affection contagieuse avant la vente, *sans même démontrer que le vendeur en avait connaissance.* »

Notre savant collègue et ami, M. Zundel, commet la même erreur quand il dit, à propos de la clavelée, dans la nouvelle édition du *Dictionnaire d'Hurtrel d'Arboval*, tome I, page 400 : « Nous croyons que son caractère de maladie contagieuse, interdisant déjà la mise en vente d'animaux atteints ou suspects de clavelée, il n'était pas nécessaire d'en faire un vice rédhibitoire, l'acheteur en cas d'infection de son troupeau *ayant toujours la ressource* de dommages et intérêts à exiger de son vendeur. »

Si la maladie ne constituait pas un vice rédhibitoire, on vendrait couramment les animaux contaminés ou déjà malades et, à toute demande de dommages et intérêts, le vendeur, retranché derrière l'art. 1382 du code civil répondrait : « Je ne savais ni ne soupçonnais. »

B. — Un cultivateur, M. X..., maire d'une commune voisine d'Arras, est signalé comme ayant son écurie infectée de morve. A une enquête faite, en ma présence, par MM. Duval, maréchal-des-logis et Morbois, gendarme, M. X... répond comme suit : « J'avais cinq chevaux dans le même local, tous en parfait état d'embonpoint. L'un d'eux, âgé de trois ans, jetait depuis quatorze ou quinze mois ; un autre, de quatorze ans, jetait également, mais depuis moins longtemps ; un troisième, âgé de douze ans, ayant été pris de saignements de nez à différentes reprises, je fis appeler un vétérinaire qui déclara ces trois chevaux morveux (1), m'engagea à les faire abattre et à vendre les deux autres qui étaient encore sains. Ces derniers furent confiés à un ami de passage

(1) Devant M. le juge d'instruction, à chaque comparution où nos dires furent confrontés, M. X.... jura que le vétérinaire n'avait pas déclaré ses chevaux morveux, mais seulement *suspects*. Pour le public comme pour le médecin, suspect a un sens précis, unique, il entraîne la pensée d'un mal contagieux ; or, comme la loi confond au point de vue des conséquences pénales, *suspect* et *morveux*, nos chevaux, reconnus *morveux* à l'enquête, *suspects* à l'instruction, devinrent à l'audience subitement *suspects... de vices rédhibitoires : quod fuit antè, relictum est*. Le clos d'équarrissage les réclamait donc impérieusement malgré leur parfait état de conservation, de vigueur et d'embonpoint, qui semblait leur assurer de longs jours et les recommander au moins pour la boucherie !! On ne se serait pas conduit autrement s'il se fût agi de chevaux suspects des vices rédhibitoires......, désignés sous le nom de morve et de farcin !!

dans la commune (1), lequel, immédiatement après les avoir soumis à une dernière visite de vétérinaire, les mit en wagon et les vendit à Oisemont, pour la somme de 1,650 francs. Quant aux trois malades, après entente du vétérinaire avec l'équarrisseur, ils furent dirigés à travers champs, sur le clos d'équarrissage, le dimanche 24 décembre, veille de Noël, à la nuit venue; mon domestique avait ordre de ne point les quitter avant qu'ils ne fussent abattus. Depuis, j'ai fait démolir la mangeoire et le râtelier, blanchir les murailles, défoncer le sol, couler de la chaux vive partout. J'ai même passé au feu les chaînes qui servaient aux attelages. » Le rapport de la gendarmerie auquel nous empruntons ces détails, constate qu'en effet les mesures d'assainissement avaient été bien entendues et promptement appliquées.

Les deux chevaux prétendus sains et vendus précipitamment à Oisemont, pour la somme de 1,650 francs, l'avant-veille du marché qui se tient dans cette ville, étaient bientôt revendus, l'un à M. Thièble-Morel, farinier à Beauvais, pour la somme de 1,115 francs, l'autre à M. Bellemère, cultivateur à Chepoix, canton de Breteuil, pour 1,050 francs. Vers le milieu de janvier, le premier, sous poil-gris pommelé, âgé de 6 ans, est gravement malade; il présente les symptômes suivants, que nous empruntons aux rapports de deux vétérinaires de l'Oise,

(1) Un individu tout de circonstance, n'ayant ni sou ni maille, qui, la vente faite en son nom, partit presqu'aussitôt pour l'Algérie, où il eut été difficile, sinon impossible, de le retrouver pour les besoins de la cause.

MM. Derberque et Vigoureux : « Flancs rétractés, muqueuses pâles, infiltrées, jetage grisâtre, glande douloureuse adhérente — pas encore de trace d'ulcération sur la pituitaire ; — boutons indurés disposés en chapelets sur les côtes, la croupe, le trajet de la saphène ; testicules bosselés, douloureux, épididymes, et cordons testiculaires engorgés comme les testicules et semblant se confondre avec eux, etc. » L'animal succombait bientôt à la diathèse morvo-farcineuse aiguë, mais après avoir malheureusement contagionné ses voisins d'écurie, deux chevaux de grand prix qu'il fallut sacrifier.

Le deuxième cheval, sous poil bai-cerise, âgé de 4 ans, avait au premier coup-d'œil tous les caractères extérieurs de la santé ; ce n'est que par un examen minutieux que M. Chantareau, vétérinaire d'arrondissement à Clermont, constate que le testicule droit présente de graves altérations (1) : « Il est dans sa moitié postérieure beau-

(1) Un détail, qui n'a pas été signalé à l'audience, mais qui jette sur l'affaire en question une vive lumière, si on se rappelle les travaux de M. H. Bouley sur les relations de l'orchite avec la morve, c'est que ce même cheval avait été vendu une première fois, dans la même année, pour quinze cents francs, par M. X..., à un étalonnier de Sailly-en-Ostrevent, et que ce dernier, sur le conseil de M. Lagrange, vétérinaire à Vitry, le lui avait fait reprendre immédiatement parce qu'il présentait un engorgement *douloureux* d'un testicule : la maladie avait été révélée par l'impuissance de l'animal à faire la saillie

En reprenant le cheval bai, X... livrait en échange le gris-pommelé, de 6 ans, pour le prix de dix-huit cents francs. mais il fallut encore le rendre *pour impuissance à saillir*. Ainsi donc, ces animaux vendus furtivement à Oisemont pour

coup plus ferme, plus consistant qu'à l'état normal, il est aussi un peu plus sensible ; au toucher, on éprouve une sensation rappelant celle que produirait un tissu fibreux induré, tandis que la moitié antérieure de ce même testicule est de consistance normale. Bref, il y a une orchite qui, éclairée des renseignements commémoratifs, laisse présumer que l'animal est en puissance de morve. »

L'affaire fut appelée *le 8 juin 1877*, devant le tribunal d'Arras, où nos collègues de l'Oise, MM. Chantareau, Derberque et Vigoureux comparurent aussi comme témoins, à la requête de M. le Procureur de la République.

Il faudrait les entendre raconter leurs impressions d'audience, leur étonnement quand ils entendirent un vétérinaire affirmer qu'il avait conseillé à son client de conduire à l'équarrissage trois chevaux, dont deux âgés de 12 à 14 ans, forts, travaillant bien, cela est de notoriété publique, le troisième, âgé de près de 3 ans, « se faisant admirer par son état d'embonpoint, ses formes athlétiques et l'ardeur de ses allures, » et de les faire abattre, au milieu d'un concours de circonstances tout-à-fait extraordinaires, parce qu'ils étaient *suspects*, c'est vrai, mais suspects de vices rédhibitoires ! *En terminant sa remarquable plaidoirie, le défenseur adjura les juges de se montrer indulgents et de ne point condamner son client à une peine infamante.* M. X... fut acquitté, mais *le ministère public crut devoir interjeter* appel du

seize cent cinquante francs, avaient été estimés auparavant trois mille trois cents francs. Ils avaient tout juste perdu moitié de leur valeur en l'espace de quelques mois !

jugement, qui fut confirmé par arrêt de la Cour, du 6 août 1877 (1).

(1) Voici un extrait du jugement; je le donne sans esprit de critique, car j'ai pour les décisions de la justice la plus grande déférence; si je souligne un passage, c'est parce que je n'ai jamais éprouvé le besoin de dire à un équarrisseur, *après* une autopsie : « Cet animal n'avait pas la morve », si *avant* l'autopsie, ledit animal n'était pas suspect de morve :

« Considérant que la déposition du témoin Z... n'a été contredite par aucune autre, qu'elle est encore certiorée par cette circonstance capitale que Z... a fait l'autopsie des trois chevaux alors qu'il avait des crevasses aux mains, *qu'après l'autopsie il a déclaré à l'équarrisseur que les chevaux n'avaient pas la morve ;*

Considérant que Z... est le seul homme de l'art qui ait vu et visité les chevaux au moment où X... les aurait fait illicitement circuler, que c'est par des considérations particulières tirées de l'état physique, de l'âge, du sexe des chevaux que lui, Z..., avait conseillé l'abattage de trois d'entre-eux et la vente des deux autres ;

Considérant que si les chevaux entiers conduits à Oisemont sont devenus morveux, bien postérieurement au 18 décembre (1), rien ne vient établir que la maladie existait à cette époque ; qu'il est très-plausible d'admettre, au contraire, que le germe de la contagion a été par eux contracté, soit au cours du transport, soit dans leurs différentes stabulations, soit au contact d'autres animaux ; que dans tous les cas, et en supposant hypothétiquement le contraire, X.. , par les raisons précédemment déduites, ne connaissait ni ne soupçonnait l'existence de la morve chez les chevaux qu'il faisait voyager. Acquitte, etc. »

(1) Le gris-pommelé, âgé de 6 ans, acheté par M. Thièble-Morel, de Beauvais, avait les premiers symptômes de la morve aiguë dès le 13 janvier.

www.ingramcontent.com/pod-product-compliance
Ingram Content Group UK Ltd.
Pitfield, Milton Keynes, MK11 3LW, UK
UKHW022009260726
13994UKWH00004B/1993

9 782329 374994